我的第一本科学漫画书

升级版

科学实验王

KEXUE SHIYAN WANG

31 电磁铁与发电机
DIANCITIE YU FADIANJI

[韩] 故事工厂/著

[韩] 弘钟贤/绘

徐月珠/译

U0270800

二十一世纪出版社集团
21st Century Publishing Group

通过实验培养创新思考能力

少年儿童的科学教育是关系到民族兴衰的大事。教育家陶行知早就谈道："科学要从小教起。我们要造就一个科学的民族，必要在民族的嫩芽——儿童——上去加工培植。"但是现在的科学教育因受升学和考试压力的影响，始终无法摆脱以死记硬背为主的架构，我们也因此在培养有创新思考能力的科学人才方面，收效不是很理想。

在这样的现实环境下，强调实验的科学漫画《科学实验王》的出现，对老师、家长和学生而言，是件令人高兴的事。

现在的科学教育强调"做科学"，注重科学实验，而科学教育也必须贴近孩子们的生活，才能培养孩子们对科学的兴趣，发展他们与生俱来的探索未知世界的好奇心。《科学实验王》这套书正是符合了现代科学教育理念的。它不仅以孩子们喜闻乐见的漫画形式向他们传递了一般科学常识，更通过实验比赛和借此成长的主角间有趣的故事情节，让孩子们在快乐中接触平时看似艰深的科学领域，进而享受其中的乐趣，乐于用科学知识解释现象，解决问题。实验用到的器材多来自孩子们的日常生活，便于操作，例如水煮蛋、生鸡蛋、签字笔、绳子等；实验内容也涵盖了日常生活中经常应用的科学常识，为中学相关内容的学习打下基础。

回想我自己的少年儿童时代，跟现在是很不一样的。我到了初中二年级才接触到物理知识，初中三年级才上化学课。真羡慕现在的孩子们，这套"科学漫画书"使他们更早地接触到科学知识，体验到动手实验的乐趣。希望孩子们能在《科学实验王》的轻松阅读中爱上科学实验，培养创新思考能力。

北京四中　物理教研组组长　物理高级教师　厉璀琳

作者序

伟大发明大都来自科学实验！

　　所谓实验，是为了检验某种科学理论或假设而进行某种操作或进行某种活动，多指在特定条件下，通过某种操作使实验对象产生变化，观察现象，并分析其变化原因。许多科学家利用实验学习各种理论，或是将自己的假设加以证实。因此实验也常常衍生出伟大的发现和发明。

　　人们曾认为炼金术可以利用石头或铁等制作黄金。以发现"万有引力定律"闻名的艾萨克·牛顿（Isaac Newton）不仅是一位物理学家，也是一位炼金术士；而据说出现于"哈利·波特"系列中的尼可·勒梅（Nicholas Flamel），也是以历史上实际存在的炼金术士为原型。虽然炼金术最终还是宣告失败，但在此过程中经过无数挑战和失败所累积的知识，却进而催生了一门新的学问——化学。无论是想要验证、挑战还是推翻科学理论，都必须从实验着手。

　　主角范小宇是个虽然对读书和科学毫无兴趣，但在日常生活中却能不知不觉灵活运用科学理论的顽皮小学生。学校自从开设了实验社之后，便开始经历一连串的意外事件。对科学实验毫无所知的他能否克服重重困难，真正体会到科学实验的真谛，与实验社的其他成员一起，带领黎明小学实验社赢得全国大赛呢？请大家一起来体会动手做实验的乐趣吧！

目录

第一部 **关键证据** 10

【实验重点】磁铁与电磁铁的性质

金头脑实验室 利用条状磁铁制作指南针、自制电磁铁

第二部 **消失的诅咒** 37

【实验重点】磁场的发现，电磁波

金头脑实验室 改变世界的科学家——奥斯特

第三部 **同极相斥？** 60

【实验重点】感应电流，发电机，地球磁场

金头脑实验室 地球的磁场

第四部 **隐藏的真相** 86

【实验重点】电力，磁场与电磁感应定律

金头脑实验室 利用磁铁制作发电机

第五部 **继续比赛吧！** 114

【实验重点】借由电流所产生的磁场，电磁铁与电磁

金头脑实验室 自制发动机

第六部 **我们的指南针** 142

【实验重点】磁极，磁场，磁化与电磁场

金头脑实验室 具有磁性的磁铁，产生相互作用的电磁

感应

人物介绍

范小宇

所属单位：韩国代表实验社B队。

观察内容：

· 即使缺乏科学基础，但凭着异于常人的直觉，在实验竞赛中频频引起全场骚动，因而享有"麻烦制造者"的封号！

· 拥有过人的直觉，察觉纸条上的证据后，立即联想到秘密实验室和门萨三人组。

· 是个做生意的好手，即使在比赛现场，依然能展现出赚钱的本领。

观察结果：被誉为实验竞赛的黑马，优点在于能够适时发挥与生俱来的好点子。

江士元

所属单位：韩国代表实验社B队。

观察内容：

· 韩国B队的领队，更是带头进行实验的精英。

· 乍看完美无缺，却因为敏感的个性和恼人的疾病，注意力稍显不足。

· 看到瑞娜收到诅咒纸条后，便着手去找寻嫌疑人。

观察结果：一如既往地淡定从容，却接二连三地遭遇意外，正处于压力指数几近爆表的状态。

伊戈尔

所属单位：俄罗斯代表实验社。

观察内容：

· 现在正与门萨成员在他们自己的秘密实验室进行着一项诡异的实验。

· 被误认为是制作诅咒纸条的嫌疑人，但只靠一项实验便证明了自己的清白，从而全身而退。

观察结果：凭着优异的主导能力，在一场与韩国B队的比赛中崭露头角。

罗心怡

所属单位：韩国代表实验社B队。

观察内容：

· 具有丰富的基础科学常识，擅长通过预习和复习不断累积实力的模范生。

· 凭着优异的点子，总是能够让实验比赛充满紧张感和刺激感。

观察结果：努力不懈地学习，逐渐成为黎明小学实验社的核心人物。

何聪明

所属单位：韩国代表实验社B队。

观察内容：

· 凭着勤奋、细致的资料搜集，以及详尽的记录习惯，负责撰写实验报告。

· 不愧是小宇的挚友，对因为纸条事件受创而失踪的小宇，立即展开人肉搜索。

观察结果：负责汇总韩国B队的实验结果，撰写实验报告。在团队中扮演救援投手的角色。

江临

所属单位：中国代表实验社。

观察内容：

· 视小宇为劲敌。

· 十分关心小倩。

观察结果：虽然与小宇在各方面有许多相似之处，但他具有更强烈的求胜欲望。

其他登场人物

❶ 秘密实验室的成员亚迪、卢雷。

❷ 出现在心怡房间并掀起一阵骚动的伊丽莎白。

前情提要

在国际奥林匹克竞赛预赛中，陆续出现了预言某队会被淘汰的诅咒纸条！

就在事件愈演愈烈之际，该纸条出现在准备迎战的德国队中，使瑞娜陷入恐慌。而察觉到异状的黎明小学实验社成员决定开始找寻嫌疑人。

在调查过程中，小宇脑海中突然浮现出那个无意间发现的秘密实验室……

第一部 关键证据

实验练习室

巴西

塔 塔 塔

喘 喘 喘

竟然利用通用指示剂制作纸条，

然后把它贴在预期会被淘汰队伍的私人物品上，借以扰乱赛事！

休息室

再者，在纸条中公然暗藏首字母，借此故弄玄虚！

敲 敲 敲

要是没有阻止的话……

事态必然会愈演愈烈！

俄罗斯A队

巴西队

印度A队

这场比赛可以说是不分上下。结果会如何呢？

一定是如出一辙。根据惯例，凡是收到诅咒纸条的队伍，都未曾赢过比赛。

首先是理论分数。德国队26.7分，加拿大队30分！

	分数
德国	26.7
加拿大	30.0

啪

那接下来轮到收到诅咒纸条的德国队输了？

应该是吧，好可惜哟……

当下主宰着比赛结果的是……

被诅咒的纸条！

15

16

没有。只看到印度队的其余3人，没有亚迪。

不清楚。他只交代他出去一下就回来。

巴西队也只缺卢雷一人。

他本来就是个独行侠。

俄罗斯队没有在比赛现场，不过其他队员都说没有看到伊戈尔本人。

伊戈尔？

队友表示，他曾说要去现场观看比赛。

这么说来，他们三个人现在可能在一起了？

哇啊

哇啊

一起在比赛现场！

或许正在亲眼确认他们自己预期的比赛结果吧！

一群可怕的家伙！

我们马上过去看看。如果三个人聚在一起的话，想赖也赖不掉的。

动作要快，比赛快要结束了。

这也能作为证据吗？

那里！

?

他们在那里！

现在应该尚未公布结果，他们怎么出来了呢？

看起来可是十万火急呢！

……

完全一模一样！

看他们隐藏得如此隐蔽，还有那些机关陷阱，这些家伙还真有一套呢！

嚓

不过，接下来没戏了！

拾起

拾起

因为被我找到了关键证据！

哗哗哗

该离开了！

那东西怎么一直闪个不停呢？

哼

闪烁

闪烁

真是碍眼。

咔嚓

吃惊

呃，是谁呢？

啊呀

有人触动机关陷阱了！

呵！

哗啦啦

砰

咳 咳 咳

哐

咳嗽

你们！

却步

果然是你。

嚓 嚓

你在我们实验室里做什么？

手上拿的是什么？

没……没什么啦！我只是碰巧路过而已……

这些只是一堆废纸而已。

收拾

姑且先装傻再说！

哎哟，时间不早了！我要先走一步了！

嚓

嚓

你休想离开这里半步！

尴尬

我倒是要问你们，这段时间在这里做了些什么？太可疑了！

°°○ 完蛋了。这招行不通。只好先控制场面了！

已经跟你解释过了，这里是我们三个人的实验室。

我们分别属于不同的队伍，而这个地方是为了我们平时方便聚在一起做实验才特别设置的。

27

慢着，慢着！你们这是在怀疑我们是嫌疑人吗？那些只是我们为了要找出嫌疑人而刻意仿造的纸条罢了。

没错。这段时间我们一直在分析无意间在路上捡到的被诅咒的纸条。而且，我们看到首字母也感到非常惊讶……

这摆明是有人企图栽赃陷害我们。你们别被骗了！

嗯？

……

如此荒谬的借口你们也编得出来！你们在耍我啊！

信不信由你！这两种纸条虽然看起来很相似，

但我们制作的并不是真的被诅咒的纸条！

这是他们制作的纸条吗？

对。

对了。直接拿来做实验就能分出真假了！

……

字母出现了！

你们制作的这张纸条，也出现了首字母。有何不同之处呢？

我不是讲过了吗！这些只是我们刻意仿造的！

用通用指示剂涂写的绿色笔迹、英文字母 L、隐藏的首字母，还有材质非常特殊的纸。

没有一项是不一样的！

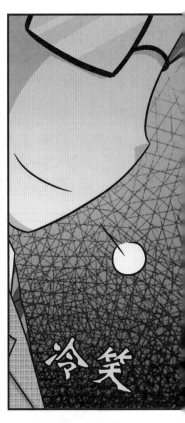

冷笑

通用指示剂？你说这是用通用指示剂涂写的？

毫无根据就妄下定论，怪不得你们会做出错误的揣测。你有证据吗？

当然！

没错！

想起

酸性与碱性反应，就能够轻易证明！

酸性与碱性！不就是第一集的主题吗！

这里分别有酸性的稀酸，

还有碱性的氢氧化钾！

只要在纸条的笔迹上，

滴下酸性溶液和碱性溶液，接着观察其颜色变化就可以了。

当通用指示剂遇到酸性时，会变成红色。

遇到碱性时则会变成蓝色。

看清楚。科学是不会说谎的。

不敢相信！

通用指示剂的颜色变化

酸性　　　　　　　　　　　碱性

实验 1 利用条状磁铁制作指南针

指南针是一种用来辨别方向的简单仪器。无论何时何地，指南针的两端总是 N 极指向北方，S 极指向南方，以此作为在陆地上寻找方位，或船只、飞机确认方向且决定航行路线的标准。现在我们就通过条状磁铁的简单实验，进一步了解指南针的原理吧！

准备物品：条状磁铁 、胶布 、塑料盘 、洗脸盆 、水 、贴纸

❶ 将条状磁铁用胶布固定在塑料盘上。

❷ 在洗脸盆内倒入清水（约三分之二满），接着将固定磁铁的塑料盘放置在水面上，使其漂浮于水面上。

❸ 当磁铁静止不动时，用贴纸在脸盆边沿标示 N 极所指方向。

❹ 尽管多次转动塑料盘，N 极所指方向永远固定不变。

当一块磁铁漂浮在水面上或吊挂在半空中做自由转动时，总是会在相同方向停止转动。此时，磁铁的 N 极指向北方，S 极则指向南方。

指南针就是利用磁铁做成的磁针来指出南方和北方的。因为地球像一块巨大的磁铁，北极具有 S 极性质，南极则具有 N 极性质，巨大磁力产生作用的空间，称为地球磁场。同极相斥、异极相吸，磁铁 N 极总是会指向相同的方向。

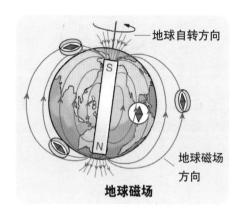

实验 2 自制电磁铁

所谓电磁铁，是指当电流从中流过时能产生磁性，而当电流切断时磁性随之消失的磁铁。它属于暂时性磁铁，不同于一旦具有磁力便能持续保存的永久性磁铁。所以我们可以利用电流来控制磁性，将电磁铁应用于各种领域。现在让我们通过一项简单的实验，亲自制作电磁铁吧！

准备物品： 电池 、铁钉 、纸 、漆包线 、砂纸 、回形针

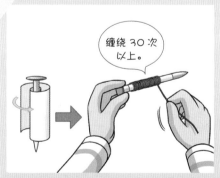

❶ 先将纸缠绕在铁钉上，再将漆包线紧密缠绕在外面。

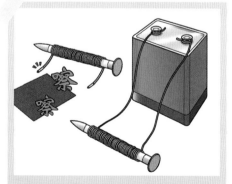

❷ 用砂纸刮除漆包线两端的包膜后，将两端连接到电池两极。

❸ 在通电的状态下，试着将铁钉靠
近回形针。

❹ 将电线从电池两极拔除后，试
着将铁钉靠近回形针。

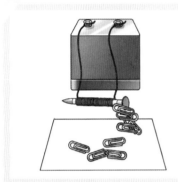

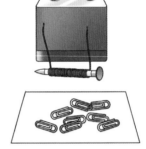

❺ 通电时，回形针
会吸附在铁钉
上。断电时，回
形针不会吸附
在铁钉上。

这是什么原理呢？

　　将线圈缠绕在铁钉上，使电流通过铁钉，便能制作出具有磁铁性质的
电磁铁。当电流通过时，电磁铁会产生能够吸附其周围磁性物质的磁力。
而当电流切断后，磁力便会随之消失，因而会产生原本吸附在铁钉上的回
形针掉落的情形。

电磁铁也像永久
性磁铁一样具有
两极，而电磁铁的
两极会随着电流
的方向改变。

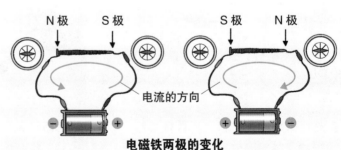

电磁铁两极的变化

第二部 消失的诅咒

虽然很遗憾，不过还是得承认是我们有错在先。

你这是什么意思？

我们的纸条并没有使用通用指示剂。

踱步

踱步

啊！

当初我们也料想到嫌疑人应该不会拿一般的材料来涂写。

翻来翻去

蹲下

所以就使用了溴百里酚蓝。

嚓

溴百里酚蓝

40

拿自来水就可以简单证明。

众所皆知，自来水不是酸性，也不是碱性，它属于中性。

在中性溶液中，放入我们制作的纸条，

然后观察笔迹的颜色变化，就能马上弄清究竟是通用指示剂还是溴百里酚蓝。

紧张

放入

！

笔迹变成黄色了！

哦哦！

难以置信！

这下证明了那是溴百里酚蓝啰？

44

这究竟是……

这下满意了吗？

嗖

还是需要其他进一步的证据？

不，没有必要……

那就好。

道歉就免了吧！

瞪

！

瑞娜

你观看比赛了吗？
是∨，不是Ⅼ！

瑞娜

尽管动用了我们所掌握的一切线索，却还是回到了原点。

如果你们不是嫌疑人的话，真的嫌疑人究竟是谁啊？

我比你更想知道。

我们不能就此放弃，一定要挺身而出，阻止罪恶。

要是我们先找到嫌疑人的话，一定会通知你们的。

我看不必再找了。

我猜测他们应该会就此罢休的。

！

46

因为收到诅咒纸条的德国队获胜了。

什么?

真的吗?瑞娜获胜了吗?

诅咒的纸条终于失效了!

真是太好了!

哇啊啊

没错。既然纸条的预言失效了,就再也不会有人相信纸条效应了。

事到如今,要是他们还想继续的话,我想最后只会沦落为大家的笑柄。

大家的笑柄?

好极了。这下你们也不必浪费多余的时间了!

从此之后,你们就别再搞一些诡异的机关陷阱或实验了。记着全神贯注在比赛上,懂了吗?

看来莫名其妙浪费了彼此宝贵的时间。我先告辞了!

江士元,大家一起走嘛!

不好意思,打扰了。

祝你们好运哟!

不客气。

慢走。

49

这一切都怪我们太过粗心大意。

不过，伊戈尔……

啊！

我建议，从现在起立即封锁这间实验室，至于这段时间正在进行的实验，也暂时停止所有后续活动。

你真的要就此善罢甘休吗？

在这种情形下，切记"欲速则不达，见小利则大事不成"的道理。

我们约定分组赛结束之后再相聚。

我们应该也无法阻止诅咒纸条这场闹剧。

尽管是自己所为，却能泰然处之、若无其事，这些家伙实在要不得！

不是我们所为！

那……

促使嫌疑人停止这场闹剧的……

是德国队的获胜！

顿住

嗨！

瑞娜！

听说今天你们赢得了比赛，恭喜哟！

拜此所赐，纸条的诅咒也被解开了！

小事一桩。

我是专程过来找士元谈事情的。

啥事？是关于比赛的情报吗？你可以讲给大家听啊！

真是不识趣！

小宇，你不是说肚子饿了吗？

走啦，再拖下去餐厅就要打烊了！

你们俩先慢慢聊！

我们先走一步啰！

羞涩

......

尴尬

我……

心里藏的话实在太多，真不知该先说什么才好呢……

非常精彩，我是说今天的比赛。

你果然在关注我。

当然啰！我本来就不是一个容易受谣言影响的人嘛！

得意扬扬

你又不是不懂，我最讨厌没有科学根据就散播谣言的人！

言归正传，你找我有什么事？

愣

我是怕你因为比赛之前收到纸条而替我担心，

所以专程过来报喜讯的。

还有，明天就是你们的第二场比赛……

……

祝你一切顺利……

顺利的话……

改变世界的科学家——奥斯特

奥斯特（Hans Christian Ørsted）是丹麦的物理学家兼化学家。他无意间发现电流的变化会产生磁场的事实，从此奠定了电磁学的基础。奥斯特当时任教于哥本哈根大学物理系，他在研究过程中，深受意大利学者伏特（Volta）关于电的发现与电池的发明的影响，试图使电流流过衔接在伏特电池上的铁丝，结果惊奇地发现置于铁丝旁的指南针的磁针偏转了方向。后来，奥斯特通过不断做实验，从中得知指南针的磁针会随着流过铁丝的电流强度与流向而偏转，从而得到"电流的改变会产生磁场"的结论。而当时的主

©Wikipedia

奥斯特（1777—1851）
研究电流的流动，发现电流会产生磁场。

流观点认为"磁场与电流彼此互不牵连"。奥斯特的这项革命性的发现深深影响了安培（Ampere）与法拉第（Faraday）等科学家，开创了一门结合磁场现象与电气现象的崭新学问——电磁学。随着电磁学研究的展开，该领域的研究成果大大改变了我们的生活，更在整个社会掀起了一股改革之风，从而成为当代电气文明的基础。

之后，奥斯特依然继续他的各项研究，同时致力于科学普及工作，设立了哥本哈根大学的地球磁场观测站，并且在世界上首次发现粉末形态的铝，奠定了日后制造金属铝的基础。

> 当把电线放在指南针上面时，指南针同时受到电流所产生的磁场和地球磁场的影响，磁针只会偏转大约一半的角度哟！

地球磁场与电流所导致的磁场变化

地球磁场

电流

电流产生的磁场方向

电线

地球磁场的方向

通电后改变磁场方向

地球磁场

电流产生的磁场方向

实际磁针的偏转

收到请回答！外星鼠请回答！

博士，您拿着天线在做什么呢？

你没有看到今天的新闻吗？报道指出，隔壁的H博士已经成功拦截了来自外层空间的微弱电波。

所以我想试着跟外星鼠通信！

利用电磁波！就像声音一样，波是需要介质才能传递的，因此在没有空气的外层空间是无法传播出去的。

你听不到吗？

不过，因为电场与磁场两者之间的交互作用，电磁波可在外层空间进行传递！

磁场　电场

那表示可以无限传递啰？

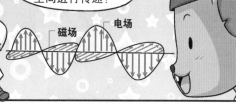

正是如此！据说利用这种方法，在英国也能够接收到从美国发射的电磁波呢！

而且，无线电或电视的电波，也都属于电磁波。

所以利用这支天线发射电磁波的话，它应该会以光速传送到外层空间的！

收到请回答！

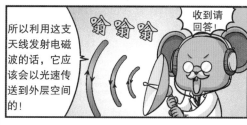

这跟我们的生活有着非常密切的关系呢！

吱吱……

有信号了？

哦哦，成功了！

这里是地球！请问你所在的位置是？！

我这里也是地球啊，G博士！

你发射的电磁波严重影响了我的研究啊！

抱歉！

第三部

同极相斥？

铛

你看过今天上午的比赛吗?

当然啰!

不过,听说今天没有出现诅咒纸条!

冷笑

如果是你的话,你会继续搞鬼吗?自从德国队获胜之后,就再也没有人愿意去相信那纸条了。

我觉得英国B队挺厉害呢!

看来应该是认为没什么搞头,所以就此罢手了吧!

或者是……

有人逮到了嫌疑人,然后狠狠地修理了一顿吧!

嗯哈哈哈

修理?

真的假的？有人逮到嫌疑人了吗？

是我们逮到的嘛！

你在胡说什么啊？他们那群家伙又不是嫌疑人，更没有人修理过他们。

窃窃私语

窃窃私语

？

我们去那边坐好了。

嗯……好。

我是说就差那么一点儿嘛！

老兄，未免差得太远了吧！

争来争去

尽管是一场闹剧，我倒觉得挺有趣的。我还满心期待当我们进行比赛时，对手收到纸条呢！

嘻嘻

哈哈

如此一来，在心理战术方面，我们就掌握了很大的优势。

……

我们不惜一切代价的伸张正义之举，竟然是为了一群如此自私的家伙，气死了！

你在怄什么气？你又没有损失什么！

愤怒 愤怒

江士元，你一边吃饭一边看什么啊？

嚼嚼

呼噜噜

在今天上午的比赛中，未来小学取得了一胜的战绩。

哇啊

未来小学获胜？田在远，你总算开始发挥实力啦！

哦哦！

恭喜恭喜！

他们已经比完三场啦？我们可是才轮到第二场比赛而已呢！

而英国B队则以压倒性的分数打败了巴西队。

真的？这下巴西队可是三败了呢！

哦哦

参赛队伍众多，免不了会有一两场的差距。

话又说回来，既然已经输掉了三场比赛，是否就等于即将面临淘汰了呢？

搔头搔头

实力再怎么差，应该也会赢得最后一场比赛吧？

呼噜噜

呆

小宇！

你可知道他们最后一场比赛的对手就是我们？

你难道希望他们获胜？

尴尬！

原来你是在讲我们这一组啊，我会错意了。

真是无可救药！

话又说回来，你应该知道今天我们要迎战哪一队吧？

注视

哎哟！这是一定的嘛！

当然！

打嗝

知道啰！

打嗝

打嗝

我来看看，我们这一组总共是五支队伍……

嘻嘻

翁翁

嘻嘻

韩国B

马达加斯加

巴西

英国B

俄罗斯A

猛灌

猛灌

猛灌

嘻嘻

排除今天上午比赛完的英国和巴西，再排除已经对战过的马达加斯加，

剩下的队伍……

69

70

遇到这一类事情，就交给我这个专家来处理吧！

唰唰

专家？

不过，你们得付费哟！酬劳是钱包内现金总额的10%！

锵

啊？

10%？太多了吧！

10%算很便宜了。总比失去一切划算吧？

江临，又是你！

是这样吗？

那就拜托你了。

好！

这小子怎么会突然替我说话呢……

嘿嘿

那我也来搭把手吧！

我就知道你动机不纯！

唰

71

这里没有!

不会这么
难找吧?

这下白费力了!
什么都看不到……

这样下去不是办法!
根本就看不到。

!

你有手电筒吗?

如果有的话,我还会
拿手机当作手电筒
来用吗!

这工具箱里面也只有灯泡。
我怎么会忘了带电池呢?

虽然距离有点远,
我还是去管理室借
一下好了。

你要用磁铁来发电?

正是如此!

磁铁具有"磁性",就是一种能够吸引金属物体(例如铁)的力量。你知道磁铁最神奇的是什么吗?

一块磁铁同时具有N极和S极,更特别的是,就算被切割成很小块,每一块小磁铁依然同时具有N极和S极。

地球也是一块巨大的磁铁。然而,磁铁最神奇的能力在于……

磁力和电流是好朋友!

哎呀,笑死我了!他竟然说磁力和电流是好朋友!

他讲得没错啊！电流通过线圈，周围会产生磁性。你没做过这个实验吗？

没错。相应的，也有移动磁铁时会产生电流的实验啊！

啊

言下之意，是电流会产生磁力，

哈哈

而磁力也会产生电流吗？

是这样吗

真的假的？

真的能用磁铁来发电？

点头

点头

水力发电和风力发电都是通过发电机内的磁铁来发电的。

水力发电

啊？磁铁真有那么厉害？

那就是发电机的原理。

风力发电

嗯！

75

别站在那里发呆，你来帮我把漆包线缠绕在这支圆筒上。

漆包线缠绕圈数越多，电力越强。记着，越密越好。

圆筒

漆包线

这样行吗？两端的漆膜也已经刮除了！

饱满

不错。接下来就把漆包线的两端接在灯泡上。

像这样吗？

锵

很好，这样就对了！

接下来，在圆筒内放入钕磁铁，封口，就大功告成了！

完成了！

真的好简单哟！

压！

嗯，灯泡怎么不亮？

静静

你要让磁铁在线圈内部滑动，这样才能产生电流。

拿起圆筒摇一摇看看。

你是说要让磁铁滑动，是吧？

摇

摇

再快一点儿！

再用力一点儿！

像这样吗？

摇摇摇摇摇

啪

一闪

呃！亮了！

成功了！

哇！

你们这些家伙竟然恩将仇报！

在你们的眼中，亚洲人都长得一样吗？

不是，是因为你们俩的思维模式和举动太相似了。

岂有此理！我这么英俊潇洒的脸蛋，和他这张苦瓜脸，究竟哪里长得像？

滑嫩的皮肤

闪闪发光的眼神

我的鼻梁可是如此高挺，而他的就只有两个鼻孔罢了！

惊人的消化能力

迷人的笑容

敏感的肠胃

他们有点儿怪怪的呢！

赶快走吧！

哪里怪？是你们胡说八道、挑拨离间在先！

喂，给我回来！你们还没付钱啊！

都怪你，是你把他们吓跑的！

这下只好过去找他们要钱啰！哎哟，烦死了！

太好笑了，该收钱的是我才对吧？制作发电机，找到钱包和手机的可是我啊！

你才好笑！提出制作发电机主意的可是我啊，老兄！

主意？！

总之，就是一人一半啊！只要没有拿回我的那一份，我可是绝不会善罢甘休的！

随便你怎么说。不过……

81

你有时间吗？
你可别忘了，30分钟后，你们就要进行分组比赛了！

30分钟后？
时间怎么过得那么快！

重要比赛当前，竟能如此悠哉？你未免也太藐视这场国际竞赛了吧？

还是你根本就不在乎比赛的输赢？

呜！我的钱！
我的自尊心！

当务之急，比赛优先！

转身

你等着瞧吧！

祝你好运。

记着不要轻易放弃比赛，奇迹是无所不在的。

哈哈

冷笑

地球的磁场

原来是位于外核的液态金属在旋转啊！

内核 外核 地幔

正如条状磁铁周围产生磁场一般，地球周围也会产生巨大的磁场，简称为"地磁"。英国物理学者威廉·吉尔伯特曾经在1600年出版的《磁力论》中提出"地球本身即是一块巨大磁铁"。然而，因为地球内部如同一颗火球，无法像一般磁铁一样呈现原子排列整齐的状态，因此地球内部并非真的具有如磁铁般的结构。科学家推测，当地球进行自转时，带动位于地球炙热外核中液态的铁、镍及其氧化物的流动旋转，因此才在地球周围产生了磁场。肉眼看不见的地球磁场，正以多重角色深深影响着人类的日常生活。

指南针

指南针是一种工具，通过具有磁性的磁针来指示方向。其特性在于因为受到地球磁场的影响，总是指向地球的南方与北方。地球的北极与南极，分别具有磁铁S极与N极的性质。磁铁异极相吸的特性使得指南针的磁针分别指向不同的磁极。

指南针的发明大大改变了人类的历史。由中国发明的指南针传入欧洲后，欧洲人利用地图与指南针开启了大航海时代。如今，磁铁的这一特性与GPS（全球定位系统）结合，作为飞机、船舶、汽车和手机等许多尖端技术的基础应用。

©Audrea Paggiaro

大航海时代的指南针。（右上图）
公元前3世纪，中国所使用的指南针——司南。（右下图）

飞鸽传书

在早期通信手段不发达时，人类为了彼此之间能够取得联系，也曾利用过鸽子送信。当时，这类专为通信而受训的鸽子，能够精确地将信件送达目的地。据说鸽子的方向感也跟地球磁场有关。因为鸽子的头部有相当于指南针的器官，使鸽子能够感应地球的磁场，从而掌握方向。除了鸽子外，像候鸟、蜜蜂、海龟、鲑鱼、鳟鱼等许多会长途迁徙的动物，也都是利用生理指南针来寻找方向的。

古代人训练鸽子来传递信息

极光现象

在极地的天空，我们可以观测到一种由色彩缤纷的鲜艳光束所绘制出来的非常神秘的自然现象，这一现象称为极光。它是由太阳发出的太阳风被地球磁场捕获，轰击大气层，使大气电离产生的发光现象。太阳风是从太阳上层大气射出的超声速等离子体带电粒子流。极光之所以形成，是因为受到地球磁力的影响，带电粒子流聚集在地球的南极或北极，并且与大气中的氧和氮的原子碰撞，激发成为电离态的离子，这些离子发生不同波长的散射，产生出红、绿或蓝等特征色，这就是极光。

第四部

隐藏的真相

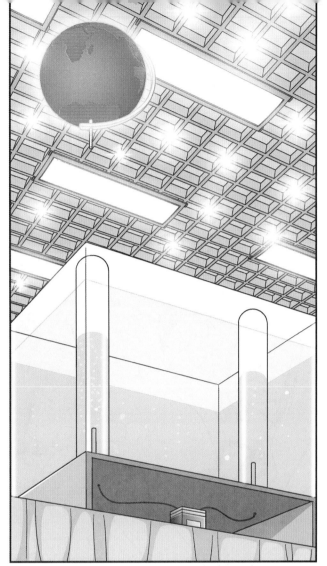

接下来轮到我了!

嚓

哇,那些可是真的砖块!

看来他是打算击破那堆砖块呢!

真的?

好奇 好奇

咚

再加10片!

啊,还要10片?

吃惊

如果没有两把刷子,怎么能够妄想在国际传统武术示范赛中获得冠军呢?

呼

堆满

哦哦

哇 啊 啊

现在就由我来展现黎明小学跆拳道社的实力！

唰唰

紧张

伊呀呀呀！

跳跃

终于！

真能全部击破吗？

呃！2点20分了！

啊！已经过2点了？

那不是迟到了。

我有事！在示范过程中，观众竟然一哄而散，实在太伤人了！

我想大家应该是赶着去观看实验社的比赛了。

实验社的比赛？

对哟，听说是今天2点呢。

对，听说因为他们已经取得了一胜，如果在这场比赛获胜的话，就有希望晋级第二轮比赛呢！

大吼

住嘴，别再提实验社的事情！你不觉得这样会严重影响到从早到晚只顾着练习的小倩的情绪吗？

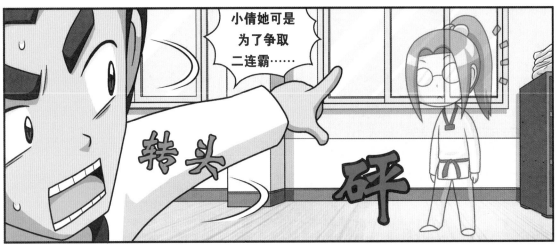

小倩她可是为了争取二连霸……

转头

砰

哒哒哒哒哒

好快哟！

小倩怎么可能会留在这里呢？她第一个就跑掉了。

哈哈

也对啦，她已经很久没有见过小宇了。

愣

范小宇……范小宇！

闷

绿色能源　　　　电力　　　　速度

绿色能源、电力、速度。这次主题的关键是利用电力的绿色能源运输工具。

提到绿色能源，不外乎就是太阳能电池啰！

比如，利用太阳能电池进行充电来行驶的电动汽车。

嗯……

伊戈尔，你的想法如何？

怎么说呢，那会不会太平凡了一点儿呢？

我可是有更好的主意。

呼

磁浮列车，
还不赖嘛。

不过……

一种利用磁铁
同极相斥原理
的实验。

当列车行驶
时，车体会
完全悬浮在
空中。

借此有效降低摩擦
力，进而能够让列
车快速、安静地行
驶。

氢气火箭实验！

一种利用氢气的爆发力
制造火箭的实验。

当氢气与氧气结
合时，剧烈的反
应能够释放出强
大的力量。

不会排放出废
气，只会排放
水蒸气的绿色
能源。

如此一来……

这场比赛应该
非常精彩！

氢气火箭应该比较
有胜算吧？

……

没错，严格来说，无论是在
绿色能源还是速度方面，氢气
火箭都是最出色的！

97

哗哗

哗哗

我们来制作一辆超级无敌快速的磁浮列车不就得了？

气氛怎么变成这样？

心乱心乱

再怎么快的列车，也不可能比火箭更快吧！

你怎么会拿列车与火箭相比呢？那岂不就是等于拿汽车跟飞机相比！

讲话小声一点儿！

发飙

啊，有了！

磁浮列车的优点在于可有效降低摩擦力，因而能够比利用电能的列车更加快速。而我们就拿这一点和一般列车做对比就好啦！

拿磁浮列车和一般列车的速度做对比！

战战

98

好主意！怎么可以拿列车和火箭的速度做对比！

高铁的平均时速 330 千米

磁浮列车平均时速 500 千米

没错，跟一般列车做对比的话，就能够明确显示磁浮列车的超快速度。

好，开始吧！

小宇，我们来负责组装轨道好了。当我组装轨道时，你负责加设磁铁。

没问题！钕磁铁的两极不能用颜色来分辨，所以我得特别谨慎才行！

N S

车体上则加装在铁芯上缠绕漆包线的电磁铁……

为了增强驱动力，得加装螺旋桨才行。

这边装好了。

很好。

呵！

糟糕了！两个人太亲近了！

我们组好了！该放上车体了！

我们也组好了！

沙沙

唰

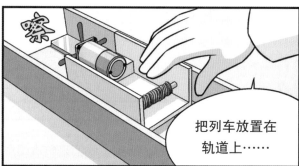

喀

把列车放置在轨道上……

接着把漆包线接在电池上就可以了。

不能用一般磁铁吗？为什么非得使用电磁铁呢？

喷

哎哎

原因是……

咔嗒

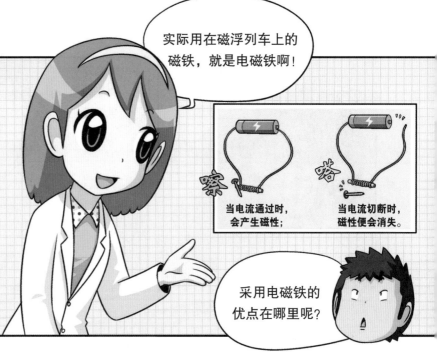

实际用在磁浮列车上的磁铁，就是电磁铁啊！

当电流通过时，会产生磁性；

当电流切断时，磁性便会消失。

采用电磁铁的优点在哪里呢？

电磁铁是以电流的强度来调控磁性的强弱，进而能够调控列车的速度。

再加上当电流的方向改变时，电磁铁的极性也会随之改变，而列车就是利用这个原理能够在轨道上行驶的。

借助推拉而前进

强而有力的电磁铁具有强大的磁力，甚至能够举起一辆汽车。

明白了！意思是相较于普通磁铁，电磁铁更容易操控啰！

好，接下来帮我接上电池吧！

嗯？

电池可是早就接好了呢！

莫名其妙，
怎么就是不浮
起来啊？

韩国队是怎么了？

出了什么状况吗？

可见是
出了状况。

哼……

我看应该是电磁铁的磁力不够强，
导致无法顺利驱动列车。

可是我们手
上已经没有比那
颗电池还要强的
电力了……

这表示不是电池
的电力问题啰？
这么说……

漆包线缠绕圈数
越多，电力
越强……

电流的强度越强
且线圈越密，电磁铁
的磁力则越强。

方法就在
这里面……

如果用这个
方法呢？

思考

103

悬浮

磁浮……

好了！成功了！

这下太完美了！

磁浮列车

一般铁轨列车

观察

磁浮列车完成！

一般铁轨列车加装了滚轮，但没有在铁轨上加设磁铁。其他条件和磁浮列车全部相同！

嗯，那是？

有两辆列车呢！

看起来像是拿磁浮列车和一般列车做对比呢！

原来一边是以磁浮方式运转，而另一边则是以滚轮方式运转的呢！

你们看，简直是没得比啊！磁浮列车的速度快太多了！

那是因为没有摩擦力的缘故，对吧？

拿两者做对比，的确是一目了然！

抵达终点了！

太棒了！磁浮列车果然快多了！

这实验太完美了！

哇啊啊

赛场的天花板很高，不至于有危险。

哇啊啊

嗯……话是没错。

不过，我认为我们的实验还是略胜一筹呢！尽管氢气火箭讲求的是绿色能源和速度，但毕竟没有搭载电力装置啊！

呼

用来产生火箭燃料氢气的就是电力，就在那个水槽里面。

用电力产生氢气？

呃？那水槽……

咚

因为可以利用电力来分解物质或产生新的物质。电解水（H_2O）可以生成氢气（H_2）和氧气（O_2）。

氢气

氧气

水

⊕极　⊖极

用电解水获得的氢气为火箭提供能源。

我指的是那个水槽。

长得一模一样。无论是大小还是形状，跟昨天那些家伙放入纸条的水槽完全一样。

呃？

什么？

那当时的水槽，莫非就是……

利用磁铁制作发电机

实验报告	
实验主题	利用磁场发生变化会产生电流的现象，亲自制作一台将动能转换为电能的发电机，并学习其原理。
准备物品	❶ LED 灯泡 ❷ 漆包线 ❸ 砂纸 ❹ 带有瓶盖的塑料瓶 ❺ 钕铁硼磁铁 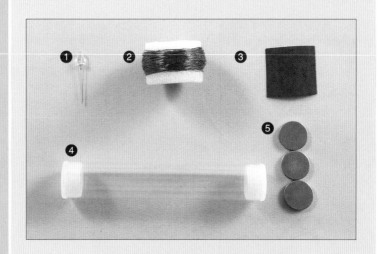
实验预期	利用磁铁的运动，促使电流通过漆包线，点亮灯泡。
注意事项	❶ 塑料桶的直径大小，必须能保持磁铁不会四处晃动，且仅能上下滑动。 ❷ 尽可能拧紧瓶盖，以防止磁铁弹出塑料瓶外。

实验方法

❶ 将两个钕铁硼磁铁粘在一起，并放入塑料瓶内。

❷ 将漆包线紧密、均匀地缠绕在塑料瓶外面。

❸ 用砂纸将漆包线两端的漆膜刮除，连接到 LED 灯泡上。

❹ 将装有磁铁的塑料瓶快速地上下晃动，观察灯泡的反应。

实验结果　当钕铁硼磁铁连续快速通过漆包线内部时，灯泡会亮。

这是什么原理呢？

　　当电流通过漆包线时，漆包线周围便会产生磁场。相反，为了使其产生磁场，将磁铁接近漆包线周围且快速滑动时，则会产生电流。这样，由于磁场的变化而使导体产生电流或电动势的现象，称为"电磁感应"。

　　各种发电厂，不论是以火力、水力、风力还是核能作为动力，都需要驱动巨大的磁铁做旋转运动，才能产生电力。

第五部

继续比赛吧！

......

报告书在这里。

报告书

你说我们被骗了，这话怎么说？

他们制作的诅咒纸条，
确实是用通用指示剂涂写的。

果然！

慢着！

当时他们不是一再
强调那纸条不是用
通用指示剂涂写
的吗？

当初我们也料想到
嫌犯应该不会拿一般的
材料来涂写。

他的确是那样说
谎的。接着……

试图用自来水
来证明……

拿自来水
就可以简单证明。

117

那他们就是真的嫌疑人了？

原来是我们被骗了！

我可没有料到他们竟然会改变水的性质！

竟然做出一模一样的实验！他们真以为我们有那么好欺骗啊？

发飙

点头

正好相反！我认为他们这是故意的。

怎么可能？再笨的人，也没有理由昭告天下自己是嫌疑人吧？

纳闷

所有证据已经完全消灭了，而且你们也错失了良机！

啊！

但是，

别忘了你们得付出侮辱我们的代价！

范小宇，你果然在这里。你知道心怡她有……

心怡？
她也来啦？

不，是我一个人。你是从那间秘密实验室回来的吗？

嗯，里面什么也没有。空无一物！

陷阱也好，证物也罢！那些家伙没有留下一丝痕迹！

我早就料到了。

好气……

在最后一刻却前功尽弃了！

事到如今，已经无法挽回了。让我更不服气的是竟然会败在那群家伙的手里。

哼……

我也是，万万没有想到。

嗯。不过论起对实验的热忱，我们可是天下无敌。你说是不是？

该回去了。明天还得为比赛做准备呢！

我想多待一会儿。你自己先回去。

好。这里太偏僻了，我很怕附近有僵尸出没……我先回去了。

僵尸？什么僵尸？

126

就是那种一跳一跳的僵尸，每晚从坟墓里走出来……

我才不信那一套！

更不信诅咒的纸条！

那……那你干吗害怕成这样？

天……天啊！僵尸也会发光吗？

不……不知道！那是什么啊？

噗翁

嗯？是一辆大巴车！

我的妈呀！

行李拿给我吧！

原来是虚惊一场！

该回去了。

咦，他不是？

明天我们要迎战的巴西队员，这么晚了要去哪里呢？

身上还带着行李。该不会是要逃跑吧？

咚

好，准备
上车吧！

等到了机场之后，
我们再找地方
吃晚餐吧！

机场？他们
这是要回家吗？

……

明天就要
比赛了呢！

这实在是太荒谬了。

好不容易来参加国际竞赛，
竟然要提前打道回府！

学校的立场是宁愿把这次的
经费省下来，准备投入在
明年的比赛上。

紧张

老师也感到无奈。不过，
无缘晋级已经是事实了。

129

老师，您觉得明年我们还有机会参赛吗？

顿住

我原本想好好把握这个难得的机会，

创造佳绩，为国争光，凯旋归国的……

一群蔑视实验，

噗嗡

用卑鄙的手段捉弄他人的家伙！

……

噗嗡嗡

察

噗嗡嗡

我相信他们当初应该也是因为单纯喜欢实验，而加入实验社的一群平凡学子！

噗翁翁翁

而我们又是否能秉持初衷坚持到底呢？

他们有卢雷这么优秀的学生，竟然还会连输三场，真是令人感到意外。

原来巴西队因为已经输了三场，就算赢了我们，依然是以1胜3败的战绩垫底，所以才选择弃权的。

那后天的那场比赛，就是我们的最后一场分组赛啰！

呼

总之，这下我们算是因祸得福了。拜巴西队弃权所赐，我们侥幸获得了保送的机会。

哗啦啦

保送不就是不战而胜的意思吗？

咕噜

咕噜

没错，现在我们的战绩等于是2胜1败了。

目前英国队以2胜暂居分组第一名，俄罗斯队是2胜1败，而马达加斯加队则是1胜1败。

2胜

2胜1败

1胜1败

双方几乎是平分秋色！假设我们赢了英国，而英国连输后续两场比赛的话，我们就有机会位居分组第一名啰？

以3胜1败的战绩！

你别异想天开了！英国B队可是有……

亚军？

对哟！听说他们拥有一位去年参赛拿到亚军的队员呢！

133

原本跟我住在同一间的巴西队室友玛利亚娜今天离开了，所以只剩我一个人了。

原来如此。

巴西队离开了？

可是就在前一刻！

突然有人敲打我房间的窗户！

刚刚有没有人敲过你的窗户？

这里可是3楼啊！

刚才因为一阵风吹过来，窗户晃动了一下，你是指那个声音吗？

原来是一阵风。我还以为……

除非是幽灵，否则怎么可能有人敲打3层楼高的窗户呢！

幽……幽灵……？

你别想拿幽灵这类话来吓唬我!

我没这个意思!

啊,对了。我看过你们今天下午的比赛。你们还制作了电磁铁呢!

嗯,没错。

你应该知道电流是在古代希腊时期发现的吧?磁力则是在公元前4世纪由中国人发现的。

电流是由古代希腊的泰勒斯最先发现的

南瓜

皮革

中国战国时期的司南

不过,后来得知电力和磁力有着密不可分关系的,可是数百年后的事情。为什么呢?

可能是因为电力和磁力两者都是肉眼看不到的力量,所以不易被人发现……

奥斯特的实验

你说对了!

大吼

嘎

135

自制发动机

实验报告

实验主题	利用电流通过时所产生的磁场，亲自制作发动机。
准备物品	❶ 漆包线 ❷ 电池 ❸ 电池固定座 ❹ 鳄鱼夹 ❺ 有孔的铜片 ❻ 木板 ❼ 砂纸 ❽ 钕铁硼磁铁 ❾ 透明胶带 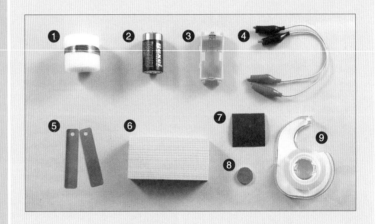
实验预期	当电流通过漆包线时，会形成电磁铁，接着将永久性磁铁放置在其附近时，圆环将会转动。
注意事项	❶ 为了使电流顺利通过漆包线，确认漆膜是否刮除。 ❷ 为了使圆环顺利做旋转运动，尽可能使悬吊在铜片两边的漆包线保持水平状态。

实验方法

1. 在电池表面缠绕 5 至 10 圈漆包线，使其呈圆形。

2. 为了防止缠绕好的漆包线散开，将两端缠绕约 2 次，用以固定。此时，漆包线两端分别保留约 5 厘米的长度。

3. 把漆包线的一端用砂纸彻底刮除漆膜，另一端则仅刮除一半[1]。

4. 将两个铜片用胶带固定在木板的两侧，接着将漆包线穿入两侧铜片的孔内。

5. 将钕铁硼磁铁粘贴在木板上面。

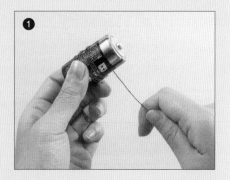

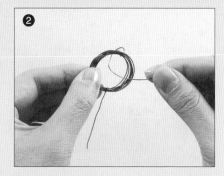

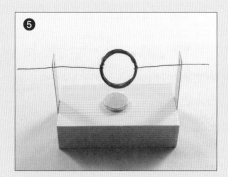

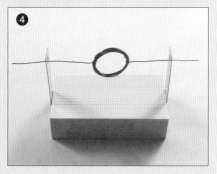

注［1］：在刮除此半圈漆膜之前，建议先将线圈依照图片 4 的示范穿入铜片孔内，再用砂纸磨除漆包线下方与铜片接触的位置，这样一通电圆环就能自动旋转起来。

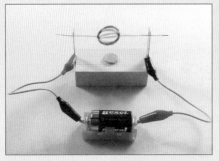

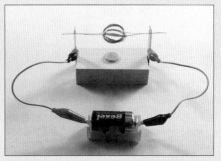

❻ 接着将电池与铜片连接在一起，并观察圆环的反应。

❼ 改变电流的方向，再次观察圆环的反应。

实验结果 当接上电池后，漆包线圆环开始快速旋转；当改变电流的方向后，漆包线圆环则以反方向旋转。

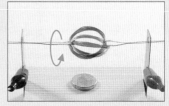

这是什么原理呢？

当电流通过漆包线圆环时会产生磁场，从而形成具有 N 极和 S 极的电磁铁。此时，若遇到钕铁硼磁铁，便会产生同极相斥的作用，而使得漆包线圆环做旋转运动。然而，当一端漆包线仅刮除一半漆膜时，圆环在旋转过程中，半圈会有电流流通，而另半圈则没有电流流通。当电流流通时，磁铁之间会产生排斥力，因而使其进行边排斥边旋转的动作；而当电流不流通时，则会因惯性而进行持续旋转的动作。

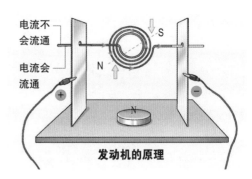

电流不会流通

电流会流通

发动机的原理

这些应该够吃上好几天了。

助理，轮到你了。我的磁卡不能用了。

磁卡利用磁铁储存信息，所以不能接近有磁性的物品，否则会被消磁啊！

我懂，所以平常都没有接近带有磁性的任何物品。不过，洗衣机……

洗衣机的关键技术

就在于利用电流通过时所产生电场驱动发动机，你懂不懂？

不是吧！

发动机也具有磁性啊？

是我忘了把磁卡从口袋里面拿出来，然后丢进洗衣机清洗了！

笨蛋！

我们周围有许许多多利用磁场的生活用品。

磁铁铅笔盒

磁铁白板

磁铁螺丝刀

磁铁围棋盘

利用磁铁吸附金属铁的性质。

信用卡　录像带　光碟机

利用磁铁储存资料的物品

另外，更有许多利用电磁铁制作而成的生活用品哟！

电动门　耳机　警铃

洗衣机　电风扇　冰箱　空调

还有洗衣机、电风扇等许多电子产品，都是利用磁场的生活用品哟！

除此之外，利用电磁体和超电导体的磁浮列车，也是利用磁场的交通工具哟！

磁浮列车

第六部

我们的指南针

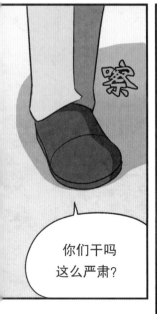

144

145

呃，醒来了！可是他的情况……

……

那我来帮他测量一下体温。

该不会是在发烧吧？

喂，江士元！你醒醒啊！

住……手……

士元，你清醒了吗？你不要紧吧？

是我叫醒你的！救命恩人，你懂不懂？

你们是在大惊小怪什么？

体温超过40摄氏度呢！

吃药就会没事……

士元！

你的脖子起了红疹！

你去帮我拿士元的药过来。顺便去通知一下老师！

知道了！

为什么是这个时候？

我来找药品！

那我过去跟老师说一下！

147

你们先去3号练习室。老师已经帮你们预约好了，并且包了整个上午时段。

如果能拿到下一场比赛的胜利，肯定能晋级下一轮。大家一定要全力以赴！

是！

多亏老师的细心安排，使我们有更充足的时间准备。

对，没错。老师，练习结束后我们会通知您的。

结束后记着先回宿舍。

我答应黎明小学实验社上午过去指导他们，但不敢确定何时会结束。

您要指导黎明小学？

怎么会这样呢？

今天士元必须尽快回国。

江士元要回去？

他需要接受主治医生的治疗，这样才不至于影响下一场比赛，所以我就姑且答应了。

哼

问题是……

其余三个人呢！

毕竟士元在他们那支队伍中扮演着主导角色嘛！

应该是说，

如果比赛时少了一个人，将会造成其他队友心理上的负担。

老师，我们先过去了。

待会儿见。

行礼

踱步

好。

再加上，这个人正是黎明小学的江士元……

踱步

149

明天可是最后一场分组赛，要是我现在离开的话……

……

……

我看还是先不要回去了。

转头

你别再犹豫不决了！就连主治医生也讲过，你必须立即回去进行检查。

幸好今天没有比赛，你就快去快回吧！

又不是去什么很遥远的地方，记着在比赛之前赶回来就好了。

点头

万一医生要你接受住院治疗的话……

唰唰

哪怕是逃离医院，你也必须赶回来！

所以，你身上得带着一根针！

你应该晓得如何制作指南针吧？

1 以磁铁的 N 极来回摩擦针头。　2 将针放置在树叶上，并使树叶浮在水面上。　3 针所指示的方向，即为北方。

方向确认！

要不就观察候鸟飞行的方向！冬候鸟在秋季时是由北往南，春季时则为由南往北迁移。

西伯利亚　春季　秋季　太平洋

秋季
春季

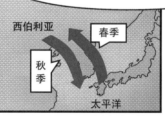

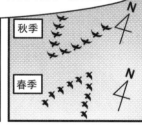

你也太夸张了吧？

我又没有说错什么！

没错，这些都是利用地球磁场寻找方向的方法，

对吧？

冷笑

据说爱因斯坦的身上随时携带着一个指南针。

你看，我就说指南针是必备物品之一，包括在那个时代也是。

话是这么说没错！

据说爱因斯坦幼年时，拿到指南针之后，就领悟了它总是指向北方的道理。

这是所谓的指南针哟！

之后，他发现了地球与指南针之间的关联性，

从而感受到肉眼看不见的大自然定律和力量。

而爱因斯坦就是从那时候开始投身于科学研究，后来相继完成了永久留存于科学史的多项研究。

以结果论，指南针可以算是替爱因斯坦打通科学家之路的大功臣。

哦！

对，为了成为一名科学家，我也有一样随身携带的物品！

就是我的瑞士军刀！

你那是为了赚钱而携带的嘛！

你不要污辱我的瑞士军刀哟！

呃，出租车到了。

……

我会尽快回来的。

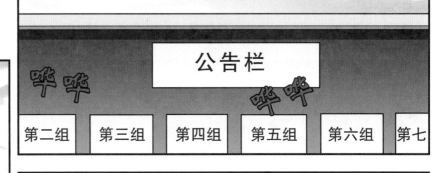

公告栏

第二组　第三组　第四组　第五组　第六组　第七

截至昨天，比赛结果已经出炉了。

布告栏

看来接下来有几支队伍准备要打道回府了！

听说第三组的巴西队已经弃权了！

还是回实验室好了。

总之，等今天下午比赛结束之后，第一波淘汰名单就会揭晓。

如果巴西队弃权了，

不就等于让韩国 B 队坐享其成了？

韩国 B 队，你怎么会在意那种队呢？

莫非你的水平也只到那种程度而已？

什么？

156

那是因为其中有一个家伙让我很感兴趣，尽管他的实力跟我不能比。

然后呢？

不过话又说回来，那家伙跟我确实有某些相似之处，让我不得不在意。

啊，就好比同极相斥的那种感觉，是吧？

或许吧……

又是你啊?

嗨，小倩！每天看到我的脸，是不是让你很开心啊?

我可是警告过你，别再骚扰我了。浪费时间、浪费金钱！

正好相反。身处异国的我们，拜免费网络视频电话所赐，反而是省钱又省时。

这一切多亏一群伟大的科学家，通过对电力和磁场的研究，发现了电磁波。你可是结交了一位即将成为科学家的朋友哟！

科学家朋友?

不！不是指他啦！

呃?

等一下，刚才我好像看到你背后有一个中文招牌。

你在中国?
你是来见我的吗?

哇啊

莫非……

你想太多了!
我是来参加比赛的。
待上两天就要回去!

小倩，快点跟上来。

我现在很忙，
我要挂了!

参加什么比赛? 怎么都没有事先跟我提过呢?

你已经挂了吗?
还是在线?

我可是还听得到你的声音啊!

又是那个死缠烂打的臭小子吗?

不关你的事，队长。

这声音又是谁?

吵闹
吵闹

拜托你回答一下!
小倩!

你好像提过那小子也是实验社的成员吧？对了，你联系过小宇吗？

小宇他没有手机。

你的意思是，小宇根本就不晓得你来这里的事情！那你打算怎么见到他？

我问你，这次你来中国的目的什么？

当然是来抱走冠军奖杯啰！还会有什么目的？

哈哈哈

哈哈，你有这个想法就好。

见到小宇的方法可是很多。你可以试着联系奥林匹克竞赛的主办单位，或者委托其他朋友转告小宇。

念念有词
念念有词

没有手机还真是麻烦呢！

不会啊，我倒觉得这种情况也不错呢！

嗯？

即使科技再怎么发达，有一样东西是绝对跟不上脚步的。

跟不上脚步？那是什么？

我再说一次，不关你的事！

我就是能够见到小宇。

即使刻意没有事先取得联系，或是彼此分散。

那是什么？赶快说出来！

你这是打算怎么见到小宇？

小倩！

说出来！

那小子在做什么？

应该是在打电话吧？

163

具有磁性的磁铁

　　磁铁是具有磁性的，也就是能吸引如铁、钴、镍等金属。磁铁种类繁多，应用广泛，包括天然磁铁以及将钢铁等金属以人工方式磁化的人工磁铁。

磁极、磁力、磁场

　　磁铁的两极称为"磁极"，分为 N 极与 S 极。其名称起源于各磁极分别指向地球的北（North）极与南（South）极，而且磁铁即便被切割成小块，每一块小磁铁也都具有 N 极与 S 极。磁铁的 N 极与 S 极具有磁力，即异极相吸，同极相斥。在磁铁附近有磁力作用的空间，则称为"磁场"。将磁场的形状以线条方式加以呈现，称为"磁力线"，磁力线的方向在磁铁外部总是由 N 极指向 S 极。

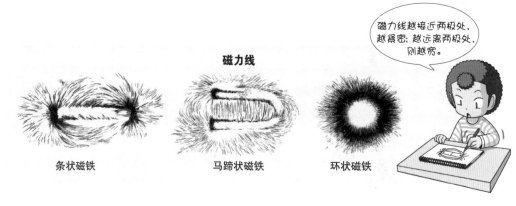

磁力线

条状磁铁　　　　马蹄状磁铁　　　　环状磁铁

磁力线越靠近两极处，越紧密；越远离两极处，则越宽。

磁化与暂时磁铁、永久磁铁

　　吸附在磁铁上的铁会暂时具有磁性，这种将铁变成磁铁的现象，称为"磁化"，也就是一种原本没有磁性的物质，受感应而获得磁性的过程。磁铁可以分为暂时性磁铁与永久性磁铁，根据其磁化后磁性是否会消失而定，例如电磁铁是暂时性磁铁，钕铁硼磁铁则是永久性磁铁。

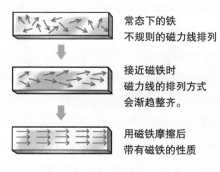

金属磁化

常态下的铁
不规则的磁力线排列

接近磁铁时
磁力线的排列方式
会渐趋整齐。

用磁铁摩擦后
带有磁铁的性质

产生相互作用的电磁感应

既然通有电流的导线可以产生磁场，那么磁场能不能产生电流呢？伟大的物理学家法拉第，经过多年的实验，在1831年终于发现一种电与磁之间的相互作用现象，称为"电磁感应"。

电流所产生的磁场、电磁铁

在电线中通以电流时，利用该电线周围所产生的磁场，会形成仅在电流流通时具有磁性的电磁铁。当电流的强度越大或缠绕的线圈数越多时，便能获得更强的磁性，这种现象称为"电流的磁效应"。它的应用范围很广，小至发动机、公寓大门的电磁门锁，大到巨大的集装箱起重机等。

磁浮列车 磁浮列车是由带有磁性的轨道和列车底部之间的磁力来驱动的。

磁场变化所产生的电流、发电机

磁场的变化导致产生电流的现象，称为"电磁感应"，而此电流则称为"感应电流"。我们日常所使用的电，绝大部分就是通过这种方式产生的。当利用风、水、煤炭或核能等驱动发电机的转轴旋转时，由于线圈内的磁场发生变化，便会产生电磁感应现象，从而输出电能。

举例来说，火力发电是通过燃烧煤炭所产生的水蒸气来推动涡轮，从而带动连接在涡轮上的发电机来发电的。

发电机 根据动能来源可分为火力发电、水力发电及核能发电等。

图书在版编目（CIP）数据

电磁铁与发电机/韩国故事工厂著；（韩）弘钟贤绘；徐月珠译. —南昌：二十一世纪出版社集团，2021.7（2024.6重印）

（我的第一本科学漫画书. 科学实验王：升级版；31）

ISBN 978-7-5568-4806-5

Ⅰ．①电… Ⅱ．①韩… ②弘… ③徐… Ⅲ．①电磁炉灶－少儿读物②发电机－少儿读物 Ⅳ．①TM925.51-49 ②TM31-49

中国版本图书馆CIP数据核字(2019)第283725号

审图号：GS（2021）1468号

내일은실험왕31:자석과전류
Text Copyright © 2015 by Story a.
Illustrations Copyright © 2015 by Hong Jong-Hyun
Simplified Chinese translation Copyright © 2021 by 21st Century Publishing House
This translation Copyright is arranged with Mirae N Co., Ltd. (I-seum)
All rights reserved.

版权合同登记号：14-2016-0226

我的第一本科学漫画书升级版
科学实验王❸❶电磁铁与发电机

[韩] 故事工厂/著　　[韩] 弘钟贤/绘　　徐月珠/译

出 版 人	刘凯军	
责任编辑	杨　华	
特约编辑	任　凭	
排版制作	北京索彼文化传播中心	
出版发行	二十一世纪出版社集团（江西省南昌市子安路75号　330025）	
	www.21cccc.com（网址）　cc21@163.net（邮箱）	
经　　销	全国各地书店	
印　　刷	江西千叶彩印有限公司	
版　　次	2021年7月第1版	
印　　次	2024年6月第7次印刷	
印　　数	43001～48000册	
开　　本	787 mm × 1060 mm 1/16	
印　　张	10.5	
书　　号	ISBN 978-7-5568-4806-5	
定　　价	35.00元	

赣版权登字-04-2020-07

购买本社图书，如有问题请联系我们：扫描封底二维码进入官方服务号。服务电话：010-64462163（工作时间可拨打）；服务邮箱：21sjcbs@21cccc.com。